大艺术家讲萌趣动物

大猩猩

[法]蒂埃里·德迪厄◎著/绘　　郑宇芳◎译

四川科学技术出版社

写在前面的话

《美丽中国》纪录片副导演　杨晔

　　从我记事开始，动物总是相伴于我的生活和成长。下雨天，门前马路上跳过的青蛙，动物园里在笼中徘徊的黑豹，小学毕业旅行时在青海湖见到的一群斑头雁，初中在操场做操时飞过树林的一只大猫头鹰……这些记忆伴随着我的成长，为一个孩子的童年带来了无限的快乐和梦想。

　　那时，互联网还没有普及，想要了解动物知识并非易事，介绍动物的科普书大部分是文字版的，而且充满了各种专业名词，对于一个刚刚识字的孩子来说，只能望书兴叹。毕业后，我进入英国广播电视公司（BBC）自然历史部，从事野生动物纪录片的相关制作工作。在工作之余的闲暇时光，我和同事们一起吃饭聊天，才知道他们并不一定是野生动物专业科班出身，但他们从小都非常热爱自然、热爱动物。他们通过各种渠道来了解动物们的种种故事，而图书，特别是那些制作精美、画面生动的科普图画书，曾在他们幼小的心灵里播撒下了科学的种子，激起了他们对自然的热爱、对动物保护的兴趣，促使他们将这种热爱和兴趣发展成为职业，从而开始了动物保护事业。

今天，我很高兴可以和大家聊聊这样的科普图画书。这套《大艺术家讲萌趣动物》由法国著名的艺术家、图画书作家蒂埃里·德迪厄创作，他在法国享有盛名，曾荣获女巫奖、龚古尔文学奖等重要奖项。为了表彰他在儿童文学领域取得的巨大成就，2010年，他被授予法国儿童图书大奖——"魔法师特别大奖"。他的画风简洁、活泼可爱，文笔则透露出机智和幽默，深受小朋友们的喜爱。这套专门为学龄前儿童创作的图画书简约但不简单，作者精心选取了自然界中孩子们最感兴趣的多种动物，用幽默风趣的绘画和简洁明了的文字描绘了这些动物或广为人知，或普通人鲜有耳闻的行为和习性，从而帮助孩子们走近和了解这些动物。通过阅读这些书，孩子们了解到：童话中的大灰狼在现实中也有它害怕的天敌；勤劳的蜜蜂是舞蹈高手，因为它们要通过跳舞来传递信息；大猩猩和人类一样，也会使用工具；雄狮的工作不是捕食，而是巡视领地……这些知识对孩子们而言十分容易理解和接受，孩子们通过阅读，能感受动物世界的神奇与美好，而这也正是作者希望通过这些书传递给小读者们的情感。

作为一名科普教育工作者，我为孩子们有机会读到这样的优质图书而高兴。希望孩子们在阅读之后，能更好地感知和认识动物的生存价值，尊重和爱护它们；将动物当作人类真正的朋友，不去伤害它们，和它们和平共处，共同维护更加美好的地球家园。

让我们一起走进美好的动物世界，去感受自然的神奇和伟大吧！

"我要用什么样的方法
才能正确地观察你呢？"

大猩猩以吃树皮、
树叶和水果为生。

大猩猩睡在一个
用树枝搭成的巢里。

最重的野生大猩猩约有250千克。

母猩猩把宝宝挂在胸前，
从一个地方跳跃到另一个地方。

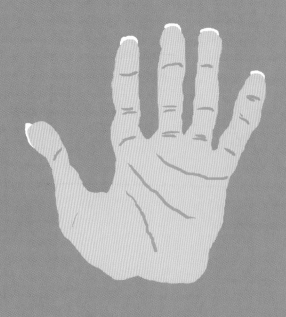

大猩猩的手和人类的手很相像。

和人类一样，
大猩猩也会使用工具。

大猩猩用四肢爬行。

大猩猩是群居动物

大猩猩生气的时候，
会拍打自己的胸膛。

为了表示友好，
大猩猩会帮身边的伙伴抓虱子。

"我不想让
任何人嘲笑我……
知道吗？"

阅读拓展

长久以来，人类一直认为自己是孤独的灵长类动物，因为我们看起来是如此的特别。可基因研究改变了我们的观念。在这个地球上，人类并不孤单，黑猩猩、大猩猩……都是我们的"表亲"。虽然人类和它们有着种种不同，但作为灵长类动物中最高智慧的类群，二者又有许多相似之处，比如都拥有发达的大脑、灵活的手指，能使用工具。

大猩猩是全世界现存最大的灵长类动物，无论是东非大猩猩还是西非大猩猩，都是极其珍稀的野生动物，它们仅分布在赤道附近的热带雨林和山地丛林之中，和我们的祖先——森林古猿一样，过着非常适应森林的生活。

除了偶尔吃一些鸟蛋和昆虫外，它们绝大多数时候都以植物为食，所以大猩猩是非常温和、含蓄的动物。

大猩猩需要依托族群的力量，才能够获得足够大的生存空间，以及足够多的食物。原本它们可以很好地生活在自己的家园里，可是，随着人类扩张耕地和乱砍滥伐，使得它们的生存环境持续恶化，栖息的空间越来越小，数量也急剧下降，有濒临灭绝的危险。

图书在版编目（CIP）数据

大艺术家讲萌趣动物 . 大猩猩 /（法）蒂埃里·德迪
厄著、绘；郑宇芳译 . —— 成都：四川科学技术出版社，
2021.8
　ISBN 978-7-5727-0204-4

　Ⅰ . ①大… Ⅱ . ①蒂… ②郑… Ⅲ . ①动物 – 儿童读
物②大猩猩 – 儿童读物 Ⅳ . ① Q95–49 ② Q959.848–49

中国版本图书馆CIP数据核字(2021)第156538号

著作权合同登记图进字21-2021-248号

大艺术家讲萌趣动物·大猩猩
DA YISHUJIA JIANG MENG QU DONGWU · DAXINGXING

出 品 人	程佳月		
著　　者	[法]蒂埃里·德迪厄		
译　　者	郑宇芳		
责任编辑	梅　红		
助理编辑	张　姗		
策　　划	奇想国童书		
特约编辑	李　辉		
特约美编	李困困		
责任出版	欧晓春		
出版发行	四川科学技术出版社		
	成都市槐树街2号　邮政编码：610031		
	官方微博：http://weibo.com/sckjcbs		
	官方微信公众号：sckjcbs		
	传真：028-87734035		
成品尺寸	180mm×260mm	印　张	2
字　　数	40千	印　刷	河北鹏润印刷有限公司
版　　次	2021年10月第1版	印　次	2021年10月第1次印刷
定　　价	16.80元	ISBN	978-7-5727-0204-4